W0262400

ISBN 978-3-7091-3865-6   ISBN 978-3-7091-3864-9 (eBook)
DOI 10.1007/978-3-7091-3864-9

Sonderabdruck aus 97. Jahrgang, Heft 15/16, 17/18 u. 19/20, 1952
Zeitschrift
des Österreichischen Ingenieur- und Architekten-Vereines
Schriftleiter: Ing. F. Willfort   Springer-Verlag in Wien   Alle Rechte vorbehalten

Die Schweißung von Torstählen.

Von Dipl. Ing. Dr. techn. Stefan Soretz, Wien,
und Dipl. Ing. Rudolf Tinti, Leoben.

In einer vorangegangenen Arbeit hat der zuerst genannte Verfasser[1] die konstruktive Notwendigkeit aufgezeigt, im Stahlbetonbau Bewehrungsstangen mit größeren Längen als den üblichen Werkslängen von 12 bis 14 m für alle Stahlbetontragwerke von mehr als 10 bis 12 m Stützweite oder Feldweite zu verwenden. Ferner wurde dort gezeigt, daß eine Reihe von Großkonstruktionen in Stahlbetonbauweise ohne solche überlange Bewehrungsstäbe überhaupt undurchführbar wären.

Die Beschaffung von überlangen Bewehrungsstangen ist meist nur mit so bedeutend verlängerten Lieferfristen möglich, daß dadurch der Baufortschritt verzögert würde. Außerdem bedeutet die Erzeugung von überlangen Bewehrungsstangen auch für das Stahlwerk fertigungstechnische Schwierigkeiten, die zu Preisaufschlägen zwingen und haben einen vom Querschnitt und den Transportmitteln abhängigen Größtwert, der keinesfalls überschritten werden kann.

Spannschlösser bedingen einen großen Platzbedarf, der häufig in den modernen, schlanken

Konstruktionen zu einer Verbreiterung der Träger, daher zur Gewichtsvermehrung und somit zu vergrößertem Stahlaufwand führt. Stöße durch Überdeckung sind technologisch und konstruktiv ungünstig, bedingen einen um zirka 10% größeren Stahlaufwand und können außerdem zu den gleichen Nachteilen, wie bei Spannschlössern, durch erforderliche Verbreiterung der Betonquerschnitte führen.

Es drängt sich daher der geschweißte Stoß als die zweckmäßigste konstruktive Lösung auf. Diese Stöße führen im Stahlbetontragwerk zu keinen wie immer gearteten konstruktiven oder wirtschaftlichen Nachteilen. Selbst kräftig aufgestauchte Stöße können im normalen Stababstand untergebracht werden, weil die Stöße in den einzelnen Stangen grundsätzlich zu versetzen sind. Die doppelkegelstumpfförmigen Aufstauchungen behindern das satte Einbetonieren der Einlagen auch dann noch nicht, wenn der Schweißwulst den Zwischenraum benachbarter Einlagen fast zur Gänze ausfüllt, weil er auch bei den dicksten Stäben nur wenige Millimeter breit ist. Es ist daher für Großkonstruktionen im Stahlbetonbau die Ausführung von geschweißten Stößen in den Bewehrungseinlagen unbedingt nötig.

Wie bereits früher ausgeführt[1], kommt für die Herstellung geschweißter Stöße in Betonstählen vor allem die Abbrennstumpfschweißung in Betracht. Für die kaltverfestigten Stähle, darunter auch den Torstahl, ist die Schweißung heute noch durch die einschlägigen Normen und Verordnungen verboten, weil im wärmebeeinflußten Bereich der Schweißstelle die Kaltverfestigung teilweise oder ganz zurückgeht. Es konnte aber gezeigt werden, daß dieser Standpunkt nicht mehr haltbar ist und der Rückgang der Kaltverfestigung im Bereich der Schweißstelle durch folgende Maßnahmen verhindert werden kann:

1. Verwendung übergroßer Schweißmaschinen und Herstellung außerordentlich kalter Schweißungen.

2. Nachträgliche Verwindung der mit normalen Maschinen und Arbeitsbedingungen hergestellten Schweißstellen nach dem Verfahren Hauttmann.

Das erstere hat den Nachteil, daß Maschinen verwendet werden müssen, die infolge ihres großen Anschlußwertes und ihres außerordentlich empfindlichen Mechanismus für den Baustellenbetrieb nicht sehr geeignet sind.

Das zweite Verfahren hat den Nachteil, daß ein zusätzlicher Arbeitstakt und ein zusätzliches, wenn auch nur kleines Gerät, erforderlich ist.

Diese Nachteile einerseits, die Weiterentwicklung der kaltverfestigten Stähle von Torstahl 40 zum Torstahl 60 und die Möglichkeit einer weiteren Steigerung der Güte der Torstähle bis zum Torstahl 100 anderseits, waren die Veranlassung, sich mit diesem Problem weiter eingehend zu befassen. Über die Ergebnisse der umfangreichen Entwicklungsarbeiten soll hier in gedrängter Form berichtet werden.

A. Das Verfahren Pucher.
Österr. Pat.-Nr. A 2940—49, Westdeutsche Pat.-Nr. 01273, Kl I b/49 h.

Prof. Dr. Ing. A. Pucher hat im Jahre 1948 vorgeschlagen, hochwertigen Betonstahl in normalen Werkslängen (12 bis 14 m) auf die Baustelle zu schaffen, dort durch elektrische Abbrennstumpfschweißung zu Stangen gewünschter Längen zu verbinden und in transportablen Verwindemaschinen diese Stäbe in ihrer Gesamtlänge zu verwinden. Der Vorteil dieses Verfahrens besteht darin, daß die Schweißung vor der Verwindung vorgenommen wird und die Entfestigungszonen durch die nachträgliche Kaltverformung wieder

„vergütet" werden. Hierzu kommen noch die Vorteile für die Erzeugung und den Transport. Die Verfasser haben die Brauchbarkeit dieses Verfahrens für Torstahl 60 eingehend geprüft.

Versuche mit handelsüblichem Torstahl 60.

Das Versuchsmaterial, ø 26 mm, wurde der normalen Erzeugung entnommen und hatte folgende Kennwerte:

Schmelzanalyse.

		%-Gehalt an		
C	Mn	Si	P	S
0·41	1·40	1·24	0·033	0·033

Walzharter Zustand, Φ 26 mm.

Streckgrenze	47·0 kg/mm²
Zugfestigkeit	75·0 kg/mm²
Bruchdehnung δ_{10}	21·4%
Einschnürung	53·8%

Biegeprobe a = 5 d bis α = 180⁰ ohne Anriß.

Die Prüfungen erstrecken sich auf:

a) Das Schweißverhalten, ausgedrückt durch die fertigungstechnischen Kennwerte; Stromstärke (Schaltstufe des Schweißtrafos); Anzahl der Kurzschlüsse bis zum Erreichen der Schweißhitze; Schweißzeit; Abschmelzlänge; Länge der Glühzone nach dem Augenschein bei Tageslicht beurteilt.

b) Die mechanischen Gütewerte im ungeschweißten und verwundenen; geschweißten und unverwundenen; geschweißten und verwundenen Zustand.

c) Gefügebeobachtungen und Härtemessungen über die Schweißzone.

Versuchsdurchführung.

Die Schweißungen wurden auf einer elektrischen Abbrennstumpfschweißmaschine, Bauart AEG--SR 15/25, ausgeführt, deren Schweißstrom mit sechs Stufen des Transformators regelbar ist. Für diese Versuche wurde die höchste Stromstärke, bezeichnet mit Schaltstufe 6, entsprechend 20 kVA, angewendet. Die Maschine hat eine handbetriebene Mechanik, mit der ein Stauchdruck von 2000 ± 100 kg, also $3{\cdot}8$ kg/mm² bei $\varnothing$ 26 mm ausgeübt werden kann. Der Schweißbart wurde nicht entfernt. Ein Teil der Schweißstellen ist nach dem Schweißen in der Maschine durch direkten Stromdurchgang nochmals auf Schmiedehitze erwärmt und doppelkegelstumpfförmig aufgestaucht worden. In den Reihen C und D wurden je zehn Schweißungen hergestellt, von denen je fünf Stück eine 9 m lange Stange ergaben, welche auf eine Ganghöhe $v = 10$ d verwunden wurde. Die Schweisungen der Reihe S kamen ohne Aufsicht zur Ausführung, um einen Überblick über die Treffsicherheit des Verfahrens zu erlangen.

Die Zerreißproben erfuhren keine weitere Bearbeitung. Die Schweißstellen der Proben für die Biegeversuche wurden durch Zerspanung auf den Durchmesser des Ausgangsmaterials abgearbeitet. Ein Teil der nach dem Schweißen verwundenen Proben kam im künstlich gealterten Zustand (250⁰, 30 Minuten) zur Prüfung. Die Härtemessungen sind nach Vickers mit 30 kg Belastung auf geschliffenen Längsschnittflächen ausgeführt worden.

Die Biegeversuche wurden um einen Dorn mit vierfachem Stabdurchmesser ausgeführt und bei den Zerreißversuchen an walzhartem Stahl die natürliche Streckgrenze, bei jenen an kaltverwundenem Stahl die begriffliche Streckgrenze

6

(Spannung vor 0·2% bleibender Dehnung) er-
hoben.

Die Versuchsergebnisse sind in der Tabelle
1 und 2 und in den Abb. 1 bis 6 zusammengestellt.

Tabelle 1. Mittelwerte von je 7 im Zugversuch
erhobenen Kennwerten ungeschweißter
Proben, welche zwischen den Schweißstellen
entnommen wurden.

Zustand Kennwert	Walzhart $v = \infty$	Verwunden $v = 10\,d$	Verwunden gealtert
Streckgrenze * kg/mm² ..	47·0	63·5	70·7
Zugfestigkeit kg/mm² ...	75·0	82·0	85·6
Dehnung $\delta_{10}\%$	21·4	13·5	11·0
Einschnürung %	53·8	47·9	47·4

* Als Spannung vor 0·2% bleibender Dehnung.

Nach den Ergebnissen der Reihen A bis D,
Tabelle 2, war anzunehmen, daß der Biegeversuch

Abb. 1.

eine schärfere Prüfung der Schweißstelle ist als
der Zugversuch. Die Proben der Reihe „S", welche
ohne Aufsicht von demselben Schweißer hergestellt
wurden, sind daher nur im Biegeversuch erprobt
worden.

Drei Proben von 13 der Reihe S, welche den
Biegeversuch bis 180⁰ bestanden, zeigten bei diesem Biegewinkel in der Schweißnaht einige ganz
feine oberflächliche Anrisse, die in Abb. 2 zu sehen
sind. Die Proben wurden durch Weiterbiegen ge-

brochen und zeigte hiervon eine in der Bruchfläche am Zugrand bei den Anrissen kleine Bindefehler. An den beiden anderen waren keine Bindefehler feststellbar.

Aus den Abb. 3 und 4 ersieht man an längsdurchgeschnittenen Schweißstäben den Verlauf der Härte, gemessen an der Vickershärte und an der

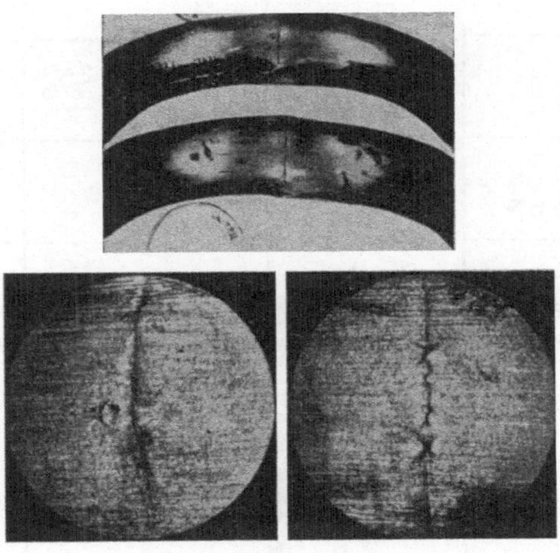

Abb. 2.

unterschiedlichen Anätzung der auftretenden Schweißzonen.

Die Härte des von der Schweißung und Verwindung unbeeinflußten Materials liegt zwischen 180 und 210 Vickers — sie steigt nahe der Schweißstelle auf etwa 235 Vickers (vgl. Abb. 3.) an, um in ihr selbst ganz örtlich stark abzufallen. Durch die Verwindung steigt die Härte, gemessen nahe dem Rand der Stäbe, auf etwa 250 Vickers, erleidet aber auch einen starken, örtlich begrenzten Abfall genau in der Schweißstelle (vgl. Abb. 4).

Tabelle 2.

Versuchsreihe bzw. Probe-Nr.		Kurz-schluß-zahl	Schweiß-zeit (ohne Auf-stauch-zeit) sek	Ab-schmelz-länge mm	Glüh-zone mm	Nachbehandlung	Zug-festig-keit kg/mm²	Bruch-abstand von der Schweiß-stelle mm	Biege-winkel	Bemerkung
A	1	31	39	25	45	aufgestaucht nicht verwunden	72·9	92		Mikrountersuchung
	2	29	39	22	45					
	3	31	42	25	42		73·5	65		
	4	33	40	22	45				180⁰	
	5	36	46	26	46				180⁰	
B	1	30	47	30	35	ohne	72·5	91		Mikrountersuchung
	2	35	43	26	40					
	3	31	44	34	34		74·9	96		
	4	32	43	25	40	nicht			180⁰	
	5	29	39	28	40				180⁰	
	6	30	43	32	40	verwunden			180⁰	
	7	34	45	28	40				180⁰	
S	1 bis 13								180⁰	davon 3 mit feinen Rissen
	14								15⁰	Bruch in Drehritze
	15								35⁰	Bruch in Fehlerstelle (Bindefehler)

C	1	36	41	30	40		82·5	117		Trennungsbruch
	3	27	58	33	42	geschweißt, auf-			180⁰	
	4	35	62	39	35	gestaucht, ver-				
	6	39	45		40	wunden	80·9	85		
	7	27	42	32	42	$v = 10\,d$	83·0	85		
	9	34	49	30	38				5⁰	50% Bindefehler, Strom zu früh abgeschaltet
	2	31	52	33	37	geschweißt, auf-	86·1	87		
	5	32	49	28	50	gestaucht, ver-			40⁰	Trennungsbruch
	8	25	43	26	44	wunden, künst-	75·1	20		eine eingestempelte Zahl wirkte als Kerbe
	10	35	44	28	40	lich gealtert			180⁰	
D	1	38	48	27	40		82·7	95		Mikrountersuchung
	3	38	54	35	35	geschweißt, ver-			180⁰	
	4	32	43	24	45	wunden				
	6	38	55	35	40		82·8	127		
	7	37	55	27	40	$v = 10\,d$	82·9	200		
	9	27	44	30	33				3⁰	Trennungsbruch
	2	36	46	34	38	geschweißt, ver-	86·6	125		
	5	32	46	32	35	wunden, künst-			180⁰	
	8	34	45	30	40	lich gealtert	63·7			Vorzeitiger Bruch wie C 8
	10	39	45	30	45				31⁰	Trennungsbruch

10

Die Mikrogefüge sind aus dem unverwundenen Stab nach Abb. 3 an verschiedenen Stellen entnommen und in Abb. 5 aneinandergereiht worden.

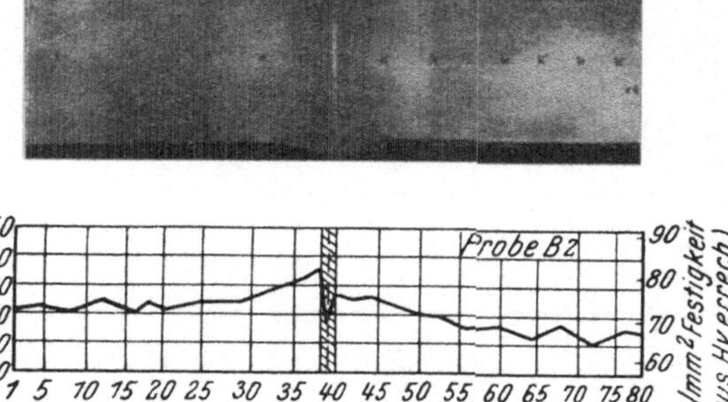

Abb. 3. Härteverlauf geschweißt, ohne Nachbehandlung unverwunden.

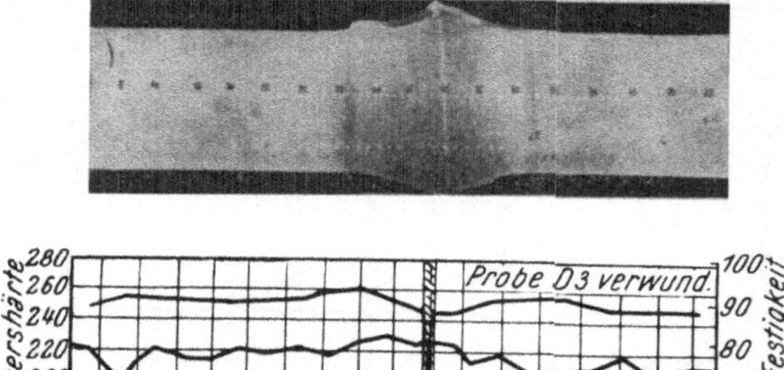

Abb. 4. Härteverlauf geschweißt, ohne Nachbehandlung verwunden.

Während das Grundgefüge aus einem Ferrit-Perlit-Gemisch besteht (Stelle G), entstehen durch die Erwärmung bzw. Abkühlung beim Schweißvorgang die verschiedensten Gefügeabänderungen, die nur kurz gestreift werden sollen. Bei Beendigung des Schweißvorganges liegen an der Stoß-

stelle Temperaturen knapp unter der Schmelz-
temperatur vor, mehr oder weniger langsam ver-
laufend, bis zu den wassergekühlten Einspann-

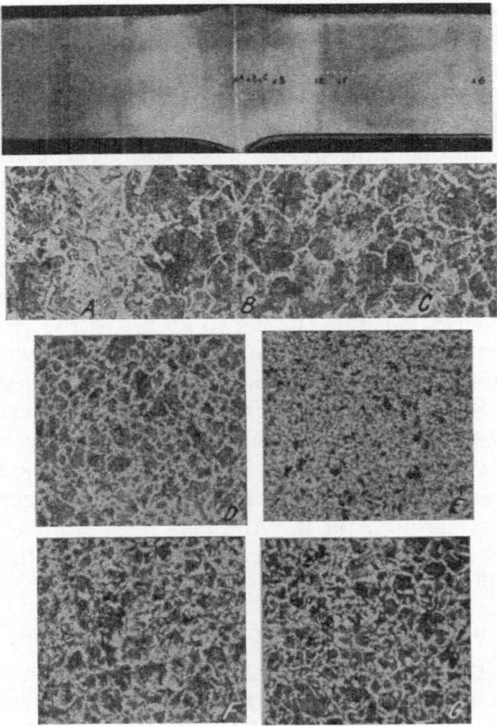

Abb. 5. Mikrogefüge geschweißt, ohne Nachbehandlung
unverwunden.

backen, wo sich dann sehr rasch die Temperatur
der umgebenden Atmosphäre einstellt. Durch Abkühlung der Stahlmasse selbst und durch die um-
gebende Luft treten nun folgende Gefügeveränderungen auf (Abb. 5).

12

Je nach Schweißzeit und erzielter Temperatur
entsteht an der Stoßstelle ein ziemlich grobes Korn.
Die Anordnung von Ferrit-Perlit weist meist Wid-
manstätten-Struktur auf (Stelle A). Es folgt dann
ein Gebiet der Überhitzung (etwa 1400 bis 1100°)
mit grobem Korn und bevorzugter Ferritausscheidung (Stelle B und C). Dann folgt ein Gebiet des
Feinkorns, welches der Umwandlung bis knapp
oberhalb Ar_3 entspricht (Stelle D und E) und hier-
auf ein Übergangsgebiet unvollständiger Umwandlung zwischen Ar_3 und Ar_1, da nur diejenigen Fer-
ritkristalle verfeinert sind, die in Lösung waren,
während die restlichen ihre ursprüngliche Größe
beibehalten (Stelle F). Darunter ist das Ausgangs-
gefüge erhalten (Stelle G). Je höher die angewen-
dete Schweißenergie ist, um so kürzer ist die gesamte
temperturbeeinflußte Zone und um so eher kann die
dahinter gegen die Einspannbacken zu — liegende
kalte Stabmasse abschreckend wirken. Legierungs-
elemente, welche die kritische Abkühlungsgeschwin-
digkeit erniedrigen, z. B. Mangan, wirken ebenfalls
in dieser Richtung. Daher erklärt sich die geringe
Aufhärtung in Abb. 3. Ähnliche Verhältnisse sind
bei der Autogen- und der elektrischen Lichtbogen-
schweißung bekannt.

Auswertung der Versuchsergebnisse.

1. Der untersuchte Stahl entspricht sowohl ana-
lytisch als auch festigkeitsmäßig dem handelsübli-
chen Torstahl 60. Der Einfluß von Verwindung und
Alterung hält in den bereits durch Veröffent-
lichung² bekannten Grenzen. Die Stangen haben
sich mit gleichmäßiger Ganghöhe verwinden lassen
und lagen daher im Anlieferungszustand in annähernd gleicher Härte vor.

2. Insgesamt sind 32 Schweißungen unter Aufsicht und 15 ohne Aufsicht ausgeführt worden. In
beiden Fällen entstand eine Fehlschweißung. Dieser

Ausschuß von etwa 4% ist belanglos in Anbetracht der Tatsache, daß der Schweißer mit diesem Stahl keine Vorversuche ausgeführt hat. Die Länge der Glühzone ist kein unanfechtbarer Begriff, sondern bezieht sich auf den mit freiem Auge bei Tageslicht sichtbaren Glühbereich, was ungefähr Temperaturen von mehr als 500 bis 600° entspricht. Eine Abhängigkeit der fertigungstechnischen Kennwerte untereinander scheint nicht vorhanden zu sein, es ist daher anzunehmen, daß die Werte im normalen Streubereich für eine gleichmäßige Fertigung liegen. Die sichtbare Glühzone ist annähernd gleich der 1·5fachen Stabdicke,

die Abschmelzlänge annähernd gleich der Stabdicke und

die Schweißdauer mit im Mittel dreiviertel Minuten im fertigungstechnisch günstigen Bereich.

Das Aufstauchen der Schweißstellen hat nicht in allen Fällen zur gleichen Kegelform geführt, weil der mit Spannschrauben mögliche Einspannungsdruck kleiner war als der für diese Stauchdrücke erforderliche.

3. Die im Zugversuch geprüften Schweißproben sind durchwegs außerhalb der Schweißstelle und außerhalb des wärmebeeinflußten Bereiches gerissen, da die Rißstellen 65 bis 200 mm neben der Schweißstelle lagen. Die Bruchlast der verwundenen Schweißstellen lag höher als jene der benachbarten Stangenteile. Die künstliche Alterung der verwundenen Schweißstellen hat sich auf deren Zugwiderstand nicht nachteilig erwiesen.

Das Aussehen der verwundenen Schweißstellen (Abb. 1) zeigt, daß die Querschnittverdickungen infolge Aufstauchung beim Verwinden der Stangen voll zur Wirksamkeit gelangten.

4. Die Schweißproben haben im unverwundenen Zustand bei einwandfreier Schweißung den Biegeversuch um einen Dorn von vierfachem Stabdurch-

14

messer bis zu einem Biegewinkel von 180⁰ ertragen, ohne zu brechen. Drei Proben von 19 guten zeigten jedoch bei diesem Biegewinkel an der Zugseite feine Anrisse in der Schweißnaht. Bei den Biegeversuchen an verwundenen Schweißproben sind von sieben guten drei Stück bei Biegewinkeln zwischen 3 und 40⁰ genau in der Schweißnaht gebrochen. Verwundene Schweißproben erreichten sowohl im Anlieferungszustand als auch nach der künstlichen Alterung Biegewinkel von 180⁰. Die gebrochenen Proben gehörten sowohl den gealterten als auch jenen an, die im Anlieferungszustand zur Prüfung kamen.

Es ist daher anzunehmen, daß die Trennbruchanfälligkeit vom Alterungszustand unabhängig ist. Die Ursache für die Trennbruchanfälligkeit der geschweißten, verwundenen Biegeproben dürfte die gleiche sein wie für die feinen Anrisse an den um 180⁰ gebogenen unverwundenen Schweißproben. Die Biegeproben zeigen in allen Fällen in der Schweißnaht eine einige Zehntel Millimeter breite Einschnürung, wie aus den Aufnahmen (Abb. 2) zu entnehmen ist. Diese Einschnürung ist, wie bereits erwähnt und aus Abb. 3 und 4 ersichtlich, auf den starken Härteabfall in der Schweißstelle zurückzuführen. Sie übt beim Biegeversuch auf den Stab mit zunehmender plastischer Verformung eine steigende kerbähnliche Wirkung aus. Es entsteht daher im Bereich dieser Einschnürung ein räumlicher Spannungszustand. Je nach den Härteverhältnissen, die bei Handschweißung von Probe zu Probe zwangsläufig größere Unterschiede aufweisen werden, können nun diese räumlichen Spannungen bereits zur Überschreitung der Formänderungsfähigkeit des Werkstoffes und damit zu Anrissen an den unverwundenen Biegeproben führen. Überlagert sich diesem Spannungszustand noch jener aus einer vorausgegangenen Verwindung im plastischen Bereich, wodurch außerdem bereits ein Teil der Formänderungsfähigkeit aufgezehrt wurde, dann treten frühzeitig Trennbrüche auf.

Die unregelmäßig geformten Schweißwulste stellen beim Verwinden kerbähnliche Randstörungen am Mantel der Stäbe dar und wirken daher noch im ungünstigen Sinn auf das der verwundenen Schweißprobe verbliebene Formänderungsvermögen. Damit erklärt sich der große Abfall der Biegefähigkeit der Schweißproben durch das Verwinden und der bei den Biegeversuchen nicht zutage getretene Einfluß der Alterung, weil der Alterungseinfluß gegenüber dem Verwindeeinfluß zurücktritt.

Zusammenfassung über das Verfahren Pucher.

1. Mit der elektrischen Abbrennstumpfschweißung können mit diesem Stahl einwandfreie Stöße hergestellt werden, deren Tragfähigkeit auf Zug jener der verbundenen Stäbe, auch nach der Verwindung auf 10 d Ganghöhe und nach der künstlichen Alterung mindestens gleichwertig ist.

2. Von den geschweißten Stößen kann eine Biegefähigkeit verlangt werden, welche durch den Biegeversuch um einen Dorn von vierfachem Stabdurchmesser bis zu einem Biegewinkel von 180⁰ ausgedrückt wird. Zeigen die unverwundenen Schweißproben bei 180⁰ Biegewinkel keine Anrisse, dann ist auch bei verwundenen und gealterten Proben ausreichende Biegefähigkeit zu erwarten.

3. Die Schweißmaschine ist jeweils so auszuwählen, daß deren höchst zulässiger Querschnitt mindestens doppelt so groß ist als der zu schweißende größte Querschnitt und der verfügbare Stauchdruck mindestens $3\cdot8$ kg/mm² beträgt.

4. Unter 32 geschweißten Proben ohne Nachbehandlung, von denen 15 ohne Aufsicht geschweißt wurden, befand sich nur eine Fehlschweißung, die

jedoch auf die Tragfähigkeit für Zugbeanspruchung ohne Bedeutung gewesen wäre. Das Verfahren kann daher bei sorgfältiger Fertigung als ausreichend treffsicher angesehen werden.

5. Die Nachbehandlung der geschweißten Stöße in Form einer doppelkegelstumpfförmigen Aufstauchung ist möglich. Infolge der damit verbundenen Querschnittsvergrößerung werden auch noch Schweißstellen mit kleineren Fehlern in der Tragfähigkeit bei Zugbeanspruchung den benachbarten Stangenabschnitten gleichwertig sein. Bei reiner Zugbeanspruchung der Schweißstellen wird daher durch die Aufstauchung eine Vergrößerung der Sicherheit der Verbindungen erreicht. Die Aufstauchung hat jedoch auf die Biegefähigkeit der geschweißten Proben keinen Einfluß gezeigt.

6. Mit den bisher ausgeführten Versuchen wurde die Brauchbarkeit des Verfahrens bewiesen, nach welchem mit der Abbrennstumpfschweißung gestoßene Stangen nachträglich über die ganze Länge verwunden werden sollen, um Torstahl 60 in beliebigen Längen herstellen zu können. Das Verfahren hat den Vorteil, daß jede Nachverwindung, also ein Arbeitstakt mit dem zugehörigen Gerät, erspart wird. Die Verwindung der Stangen auf der Baustelle wird die Anwendung dieses Verfahrens jedoch voraussichtlich auf Großbaustellen beschränken, wo die Aufstellung einer eigenen Verwindeanlage gerechtfertigt werden kann. Dieses Verfahren wurde u. a. auf der Baustelle Elin, Weiz und Großgarage der Verkehrsbetriebe Wien angewendet und hat sich auch in der praktischen Anwendung bewährt.

B. Die Abschreckhärtung.

Ein weiteres Verfahren zur Herstellung geschweißter Stöße in Torstahl 40 und 60 besteht darin, daß die bereits verwunden auf die

Baustelle gelieferten werkslangen Stangen dort durch Schweißung auf die erforderliche Länge verbunden werden und die Stöße nach dem Schweißen bzw. nach dem Aufstauchen aus der Stauchhitze mit Wasser abgeschreckt werden. Der Vorteil dieses Verfahrens besteht darin, daß zur Härtung der entfestigten Zonen mit der Schweißnaht als Zentrum keine zusätzlichen Vorrichtungen oder Geräte benötigt werden, sondern das billigste zur Verfügung stehende Mittel, nämlich das Kühlwasser der Schweißmaschine, verwendet werden kann. Die Verfasser haben die Brauchbarkeit dieses Verfahrens mit Torstahl 40 und 60 geprüft.

Versuche mit handelsüblichem Torstahl 40.

Als Versuchsmaterial wurden 28 mm dicke Torstahlstäbe im verwundenen Zustand dem Werkslager entnommen und folgende Kennwerte bestimmt.

Analyse.

	%-Gehalt an			
C	Mn	Si	P	S
0·19	0·43		0·017	0·037

Prüfung im Zugversuch:

Verwindung . . . . 9·3 und 9·4 d
Streckgrenze als Spannung bei
    0·4% Gesamtdehnung . . . . . . 43·1 und 43·7 kg/mm²
Zugfestigkeit . . . . 50·5 und 50·8 kg/mm²

Biegeversuche wurden um einen Dorn von zweifachem Stabdurchmesser bis zu 180° Biegewinkel ohne Anriß bestanden.

Versuchsdurchführung: Die Schweißungen wurden mit der früher beschriebenen elektrischen Abbrennstumpfschweißmaschine von einem geübten Schweißer ohne Aufsicht mit Schaltstufe 6 ausgeführt. An sämtlichen Probestäben wurden im Bereich der Einspannbacken der Schweißmaschine die Rippen abgeschliffen. Bei dem vorgegebenen Querschnitt konnte ein Stauchdruck von 3·25 kg/mm² ausgeübt werden. Durch einen unbehebbaren Fehler der Maschine reichte der Spanndruck nicht aus, um 28 mm dicke Stangen einwandfrei aufstauchen zu können. Die Aufstauchungen sind daher bei drei Stäben nur angedeutet gewesen. Es sind 18 Schweißungen ohne Aufstauchung und vier mit doppelkegelstumpfförmig aufgestauchten Schweißstellen, wie vorbeschrieben, ausgeführt worden. Alle Stöße wurden unmittelbar nach dem Schweißen bzw. nach dem Aufstauchen, ohne Abarbeiten des Schweißbartes, von Schmiedehitze durch gleichmäßiges Berieseln mit dem Kühlwasser der Schweißmaschine bis zur Handwärme abgeschreckt. Die geschweißten Stöße wurden geprüft im Zugversuch, im Biegeversuch, auf die Verteilung der Aufhärtung durch Härtemessungen und auf die Ausbildung des Feingefüges.

Die Biegeversuche wurden hier abweichend von der früher gegebenen Beschreibung um einen Dorn mit sechsfachem Stabdurchmesser ausgeführt. Diese Umstellung entspricht der Erkenntnis, daß mit steigender Festigkeit des Ausgangsmaterials, entsprechend der abnehmenden Zähigkeit, auch der Dorndurchmesser zu erhöhen ist, so wie dies in DIN E 4227 ex 1950, Berechnung und Ausführung von vorgespanntem Stahlbeton, zum Ausdruck kommt. Diese fordert

$$\alpha_{BR} \geq 60° \quad \text{für} \quad a = \frac{100\,d}{\delta_{10}\%}$$

Für Torstahl 40 kann $\delta_{10} = 16 \cdots 17\%$ als ein gesicherter oberer Grenzwert und damit $a = 6\,d$ angenommen werden.

Die Härtemessungen sind nach Vickers mit 30 kg Belastung in der Stabachse und entlang einer Erzeugenden 0·5 mm unter der Staboberfläche ausgeführt worden. Der Punktabstand war in der Nähe der Schweißstelle mit 1 mm am engsten und erweiterte sich gegen das unbeeinflußte Material bis auf 5 mm.

Das Mikrogefüge wurde über der Stoßstelle in der Stabachse und an der Staboberfläche beobachtet.

Die Versuchsergebnisse sind in der Tabelle 3 und in den Abb. 6 bis 8 zusammengestellt.

Tabelle 3.

Schweißstelle	Aufstauchung	
	ohne	mit
Glühzone:		
Länge mm	nach der Verfärbung der Proben im Bereich der Schweißstelle abgeschätzt	
	100	120
Zerreißproben:		
Bruchspannung kg/mm²	50·4 50·5	50·5
Rißstelle mm, außerhalb der Schweißstelle	100 120	100 120
Außerhalb der Glühzone	50 70	50 70
Biegeproben:		
Trennbrüche bei α_{BR}	12 : 38°	28 und 40° 1 Probe ohne Bruch bis $\alpha = 180°$, s. Abb. 6*

* Dies war jene Probe, die eine einwandfreie doppelkegelstumpfförmige Aufstauchung hatte. Sie war vor dem Biegeversuch genau zylindrisch abgeschliffen.

Auswertung der Versuchsergebnisse.

Der Stahl zeigt im Anlieferungszustand die für Torstahl 40 vorgeschriebenen Eigenschaften. Die geschweißten und nachher durch Abschrecken aus der Schmiedehitze mit Wasser vergüteten Stöße haben mindestens die gleiche Tragfähigkeit auf Zug erwiesen, wie die gestoßenen Stangen. Der Bruch ist in allen Fällen weit außerhalb der wärmebeeinflußten Zone aufgetreten.

In den Ergebnissen der Biegeproben kommt der Einfluß der doppelkegelstumpfförmigen Auf-

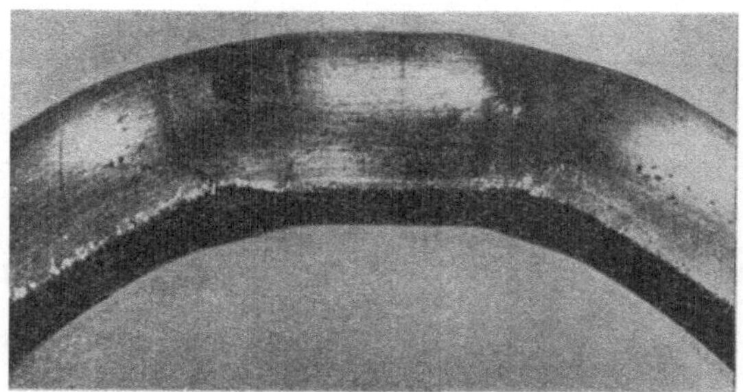

Abb. 6

stauchung der Schweißstelle sehr deutlich zum Ausdruck. Bei einwandfrei aufgestauchten Proben werden Biegewinkel bis zu 180° ohne Bruch erreicht und damit der angegebenen Norm entsprochen. Stöße ohne Aufstauchung zeigen dagegen in allen Fällen Trennbrüche bei kleinen Biegewinkeln, die aber nicht in der Schweißstelle, sondern knapp daneben eintreten. Auf diese Erscheinung wird später noch näher eingegangen.

Die Härtemessungen wurden an drei Schweißproben ohne Aufstauchung ausgeführt. Die Verteilung der Härte über den wärmebeeinflußten Bereich der Schweißstelle zeigt hierbei mit normalen

Streuungen in den Einzelwerten den gleichen Typus. Es wurden daher in Abb. 7 die Mittelwerte aus den sechs Einzelmessungen für jeden Punkt dargestellt.

Die Kaltverfestigung in dem von der Wärme unbeeinflußten Teil der Proben ist an dem Härteunterschied zwischen Oberfläche und Kern mit

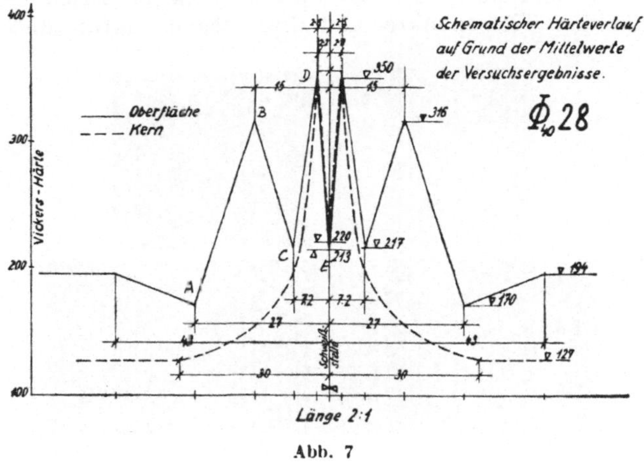

Abb. 7

Hv = 190 gegen 130 kg mm² erkennbar. In der Schweißnaht ist ein für Kern und Oberfläche annähernd gleicher Tiefstpunkt der Härte mit Hv = 215 kg mm² vorhanden. 2·2 bis 2·5 mm beiderseits zeigt sich eine Härtespitze mit einem für Kern und Oberfläche annähernd gleichen Wert von Hv = 350 kg/mm². Von da fällt die Härte an der Oberfläche steil ab bis etwas unter den gleichen Wert wie in der Schweißstelle. Beim neuerlichen Anstieg wird mit der Spitze Hv ~ 300 kg mm² der erste Größtwert nicht ganz erreicht. Von hier erfolgt ein Abstieg bis unter die unbeeinflußte Oberflächenhärte. In dieser Senke der Härteverteilung kommt offenbar der Einfluß der Wärme in jenem Bereich zum Ausdruck, in dem die Temperatur unterhalb der Umwandlungsgrenze lag. Im Kern nimmt die Härte von der ersten Spitze annähernd parabolisch zum Wert des unbeeinflußten Stahls ziemlich gleichmäßig ab. Die außerordentlichen Härtespitzen beiderseits knapp neben der Schweißstelle und die von ihnen eingeschlossenen anschließenden Tiefstpunkte sind die Ursache dafür, daß

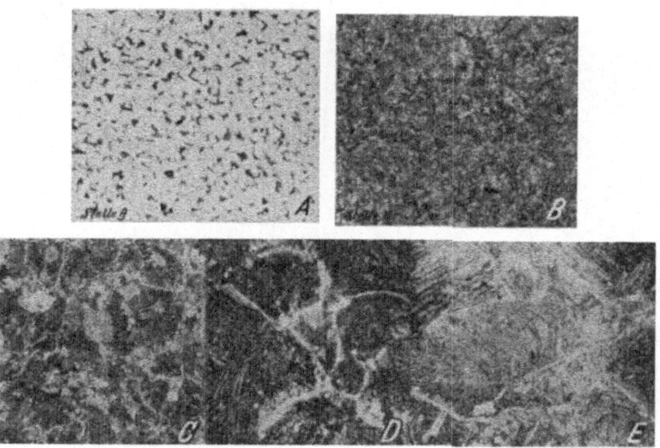

Abb. 8. Mikrogefüge in den Punkten A bis E der Härteverteilung nach Abb. 7

die Biegeproben fast durchwegs knapp neben der Schweißstelle aufreißen. Das Absinken der Oberflächenhärte im Übergangsbereich von $Hv = 190$ auf $170 \ kg/mm^2$ hatte auf die Tragfähigkeit der geschweißten Stöße auf Zug keine vermindernde Wirkung, weil dieser Effekt offenbar nur von geringer Tiefenwirkung ist, also nur einen kleinen Querschnittsteil erfaßt und nur auf eine verhältnismäßig kleine Länge vorhanden ist. Der Wärmeeinfluß wird daher durch den dehnungsbehindernden Einfluß der in der Längsrichtung ansteigenden Härte und Widerstandsfähigkeit des Stahls aufgehoben.

Die großen Härteunterschiede kommen auch sehr deutlich an der Biegeprobe zum Ausdruck, welche 180° Biegewinkel ohne Bruch ertragen hat, wie aus Abb. 6 zu entnehmen ist.

Aus dem Längsschliff über der Stoßstelle der Abb. 7 ist das Feingefüge der Staboberfläche an markanten Stellen in Abb. 8 zu ersehen.

Man sieht eine gute Übereinstimmung der Gefügebilder mit dem festgestellten Härteverlauf. Eine Erklärung für den starken Härteabfall neben der Schweißnaht an der Staboberfläche fehlt zur Zeit. Dieser Abfall vermindert sich gegen die Stabachse zu, um in ihr völlig zu verschwinden. Es kann sich hier nur um temperaturgebundene Abkühlungsverhältnisse im Stab handeln.

Versuche mit handelsüblichem Torstahl 60.

Als Versuchsmaterial standen 20 mm dicke, mit zwei gegenüberliegenden Gratrippen gewalzte Stangen im verwundenen Zustand aus der Schmelze Nr. 607.361 zur Verfügung, für die folgende Kennwerte bestimmt wurden:

Schmelzanalyse.

%-Gehalt an				
C	Mn	Si	P	S
0·34	1·21	1·10	0·026	0·035

Prüfung im Zugversuch:

Verwindung....................... 8·5 d
Streckgrenze als Spannung vor
   0·2% bleibender Dehnung..... 67·1 68·5 kg/mm²
Zugfestigkeit.................... 81·8 85·0 kg/mm²
Bruchdehnung am Langstab....... 14·2 13·1%
Einschnürung .... 54·5 51·7%

Der Biegeversuch um einen Dorn von fünffachem Stabdurchmesser wurde bis zu 180° Biegewinkel ohne Anriß bestanden.

Die Versuchsdurchführung war genau gleich wie vorbeschrieben. Es wurden jedoch elf Schweißungen ohne Aufstauchung ausgeführt. Der verfügbare Stauchdruck betrug hier, entsprechend dem kleineren Durchmesser, $6.4 \, kg/mm^2$. Der Dorn für die statischen Biegeversuche hatte hier a $= 7.5 \, d$.

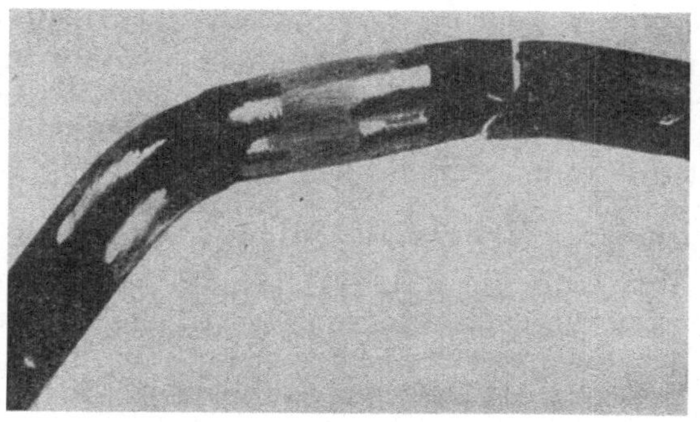

Abb. 9

Ergänzend kamen noch einige Schlagbiegeversuche mit einem 30-mkg-Pendelschlagwerk an 30 cm langen Biegeproben zur Ausführung, bei denen die Finne des Pendelhammers die mit 200 mm Stützweite gelagerte Probe genau in der Schweißstelle traf.

Die Versuchsergebnisse sind in der Tabelle 4 und in den Abb. 9 bis 11 zusammengestellt.

Auswertung der Versuchsergebnisse.

Der Stahl zeigt im Anlieferungszustand die für Torstahl 60 vorgeschriebenen Eigenschaften. Die geschweißten und nachher durch Abschrecken aus

Tabelle 4.

Schweißstelle	Aufstauchung	
	ohne	mit
Glühzone:		
Länge mm	nach der Verfärbung der Proben im Bereich der Schweißstellen abgeschätzt	
	40 bis 70	60 bis 90
Zerreißproben:		
Bruchspannung kg/mm²	80·7 bis 83·6	81·3 bis 83·7
Rißstelle mm, außerhalb		
der Schweißstelle	85 bis 100	85 bis 100
der Glühzone	50 bis 80	55
Biegeprobe:		
Trennbrüche	in der Schweißstelle	25 mm außerhalb der Schweißstelle, die gerade bleibt, laut Abb. 9
Bei $\alpha_{BR} =$	4 bis 27°	58 bis 63°
Schlagbiegeproben	30 mkg werden ohne Bruch ertragen	

der Schmiedehitze mit Wasser vergüteten Stöße haben mindestens die gleiche Tragfähigkeit auf Zug erwiesen wie die gestoßenen Stangen. Der Bruch ist in allen Fällen weit außerhalb der wärmebeeinflußten Zone eingetreten.

In den Ergebnissen der Biegeproben kommt der Einfluß einer doppelkegelstumpfförmigen Aufstauchung der Schweißstelle sehr deutlich zum Ausdruck. Während die aufgestauchten Schweißproben durchwegs genau in der Schweißstelle bei verhältnismäßig kleinen Biegewinkeln Trennbrüche erlitten, traten diese bei den aufgestauchten Proben außerhalb der Schweißstelle, und zwar an jenen Stellen auf, wo im Härteverlauf ein Tiefstpunkt feststellbar ist. Der unverformte Verlauf der aufgehärteten Zone beiderseits der Schweißstelle deutet auf eine sehr starke Aufhärtung, wie sie auch im Härteverlauf zum Ausdruck kommt.

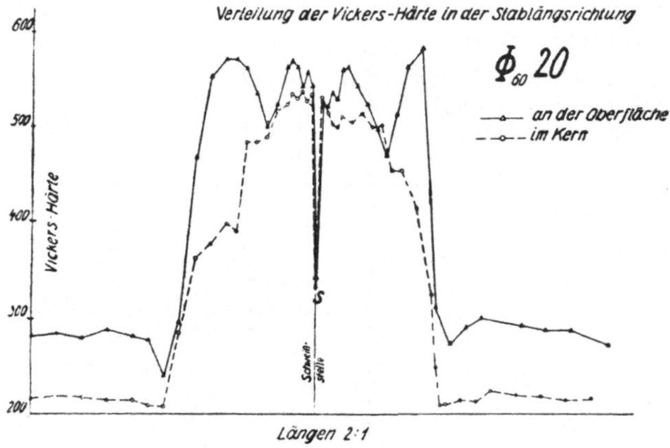

Abb. 10. Härteverlauf geschweißt, verwunden

Die Verteilung der Härte (vgl. Abb. 10) über den wärmebeeinflußten Bereich der Schweißstelle zeigt einen ähnlichen Verlauf, wie in Abb. 7 für Torstahl 40 gezeigt. Grundsätzlich gleich ist der Unterschied zwischen dem Härteverlauf im Kern und an der Oberfläche. Der Härteverlauf an der Oberfläche zeigt bei Torstahl 60 einen Tiefpunkt in der Schweißstelle, beiderseits dieser einen verhältnismäßig breiten Härterücken mit einem Sattel bis auf etwa $Hv = 490$ kg/mm². Der von der Wärme unbeeinflußte, verwundene Stahl hat im Kern $Hv =$

= 220 kg/mm² und an der Oberfläche Hv = 280 kg pro Quadratmillimeter, zeigt also deutlich den Typus des kaltverfestigten Stahls. Dazwischen ist auch hier wieder jene kurze Glühzone zu bemerken, die einer kurzen Erwärmung knapp unter A_1 entspricht, wobei ein teilweiser Abbau der Kaltverfestigung eingetreten ist, die Aufhärtung infolge Abschreckwirkung jedoch nicht mehr wirksam werden konnte. Bei axialem Zug hat sich diese Erweichung wegen

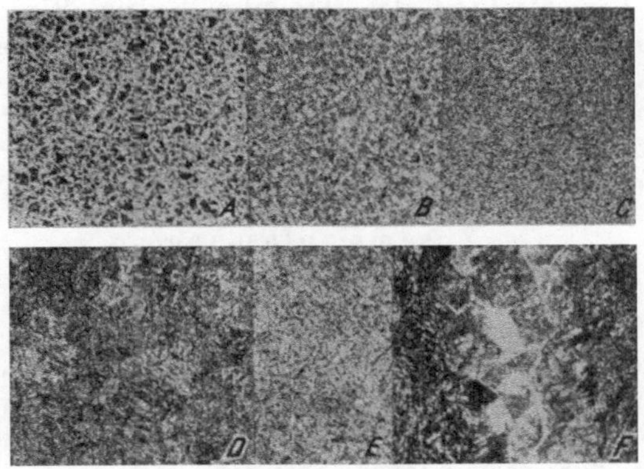

Abb. 11. Mikrogefüge zu Abb. 10

des dehnungsbehindernden Einflusses der kurzen Ausdehnung in der Längsrichtung und nach der Tiefe nicht bemerkbar machen können. Im Biegeversuch kommt sie jedoch zum Ausdruck und verursacht die Brüche neben der Schweißstelle, weil die Senke wie eine äußere Kerbe wirkt. Bei den Proben, die in der Schweißstelle brechen, verläuft der Bruch genau in der Schweißstelle, was auf die Senke der Schweißstelle zwischen den beiden Aufhärtungsrücken beiderseits der Schweißstelle zurückzuführen ist. Die scharfe Senke zwischen den beiden Aufhärtungsrücken wirkt wie eine äußere Kerbe. Sie ist bei allen Versuchen beobachtet worden. Sie wird gefügemäßig bestätigt durch eine Stelle bevorzugter Ferritausscheidung und könnte nur verbessert oder sogar vermieden werden durch höhere Stauchdrücke, die wieder nur von stärker gebauten Maschinen ausgeübt werden könnten. Im Gegensatz dazu zeigen sich bei Torstahl 40 ausgesprochene Härtespitzen. Die der Schweißstelle zunächst gelegenen Spitzen sind der Ausgangspunkt für den Großteil der Trennbrüche im Biegeversuch, weil sie als innere (metallurgische) Kerben wirken. Die relative Aufhärtung ist für beide Stähle annähernd gleich und beträgt für den Größtwert annähernd 100% Härtezunahme gegenüber der Oberflächenhärte des kaltverfestigten Stahls.

Zusammenfassung
über die Abschreckhärtung.

Durch das Abschrecken der Schweißstellen aus Schmiedehitze mit Wasser tritt eine solche Aufhärtung ein, daß die Tragfähigkeit der Schweißstellen und der Glühzone auf Zug mindestens gleich jener der verbundenen Stangen ist.

Die normgemäß geforderte Biegefähigkeit der Schweißstellen wird eingehalten, wenn die Schweißstellen vor dem Abschrecken doppelkegelstumpfförmig aufgestaucht werden.

Der wärmebeeinflußte Bereich, welcher temperaturmäßig zwischen dem unteren und oberen Umwandlungspunkt liegt, ist so eng begrenzt, daß er auf die Tragfähigkeit ohne Einfluß bleibt.

Die Vergütung der Schweißstellen mit Abschreckhärtung stellt wohl das billigste Verfahren dar. Es hat jedoch den Nachteil, daß nur Torstähle mit geringer Aufhärtungsneigung verbunden werden können, wenn starke Härtespitzen und damit Trennbruchneigung vermieden werden sollen.

Dieses Verfahren ist für Konstruktionen unter vorwiegend ruhender Belastung, also mit statischer Zugbeanspruchung in der Schweißstelle, geeignet.

Bei vorwiegend dynamischer Beanspruchung kann es für höherwertige Torstähle, z. B. Torstahl 60, nicht empfohlen werden, selbst dann nicht, wenn die Härtbarkeit durch metallurgische Maßnahmen gemildert wird, weil der Einfluß der Legierung diese Maßnahmen bei weitem überdeckt.

C. Schweißung walzhitzegehärteter Betonstähle.

Die im letzten Kapitel beobachteten starken Aufhärtungen der wärmebeeinflußten Zone durch Abschrecken aus der Schmiedehitze mit Wasser waren die Veranlassung zu weiteren Untersuchungen, die noch durch folgende Überlegungen bestärkt wurden. Für die Erzeugung von Torstahl 60 und höherwertiger Torstähle werden zur Zeit mittellegierte Stähle als Ausgangsmaterial verwendet, deren Herstellung in der Regel den Einsatz von Legierungsmetallen erfordert, die heute bereits wieder einen Beschaffungsengpaß bilden.

Die Härtung aus der Walzhitze bietet hier einen willkommenen Ausweg. Durch sie kann z. B. aus einem St 37 ein dem St 60 gleichwertiges Ausgangsmaterial für die Herstellung von Torstahl gewonnen werden, das durch Kaltverwindung einer weiteren Vergütung fähig ist. Werden nun auf dieses walzhitzegehärtete Ausgangsmaterial für Torstahl hintereinander die unter B und A beschriebenen Verfahren angewendet, dann ist zu erwarten, daß die unter B aufgezeigten Nachteile nicht mehr in Erscheinung treten werden. Das Schweißen von aus der Walzhitze gehärteten Stählen ist an sich problematisch, da der Härtungseffekt durch die Schweißhitze aufgehoben werden muß.

Es war nun zu untersuchen, ob diese Entfestigung durch reine Kaltverformung, also Nachverwinden nach Verfahren Pucher, auszugleichen ist oder ob eine örtliche Härtung der Stoßstelle aus der Stauchhitze bereits den erwünschten Härteausgleich bringt. Schließlich ist eine Anwendung beider Verfahren hintereinander untersucht worden.

Für die Durchführung der Versuche stand ein Stahl in Form von 28 mm starken, gewalzten Stangen mit gegenüberliegenden Gratrippen in walzhartem und aus der Walzhitze mit Wasser gehärtetem Zustand mit folgender Analyse zur Verfügung:

%-Gehalt an				
C	Mn	Si	P	S
0·17	0·61	0·22	0·032	0·040

Der Prüfungsumfang erstreckte sich, so wie unter B beschrieben, auf das Schweißverhalten, auf die im Zug- und Biegeversuch bestimmten mechanischen Gütewerte für den walzharten, walzhitzegehärteten, durch Kaltverwindung vergüteten, den künstlich gealterten Zustand und auf Gefügebeobachtungen und Härtemessungen über die Schweißzone.

Versuchsdurchführung: Die Schweißungen wurden auf der früher beschriebenen Abbrennstumpfschweißmaschine und auf einer solchen der Bauart Miebach, Type 6 H 60, ausgeführt, deren Schweißstrom zwischen 6 und 60 kVA mit sechs Stufen regelbar ist. Diese Maschine ist für Abbrennstumpfschweißungen von Querschnitten bis zu 2800 mm² Fläche geeignet. Der Schweißvorgang wird von Hand aus, die Einspannung hydraulisch betrieben. Der Stauchdruck beträgt im Mittel 4000 ± 200 kg. Der Schweißbart wurde nicht entfernt. Ein Teil der Schweißstellen wurde nach dem Schweißen bzw. nach dem Aufstauchen aus der Schmiedehitze durch Berieseln mit dem Kühlwasser der Schweißmaschine bis auf Handwärme abgeschreckt, hierbei wurden die Schweißstellen um die Stabachse gedreht, so daß eine gleichmäßige Abkühlung gewährleistet war. Sämtliche Schweißungen sind mit der höchsten Stromstärke ausgeführt worden, um durch möglichst kalte Schweißungen die Ausweitung der wärmebeeinflußten Zone zu beschränken. In den Reihen E bis H wurden je vier Schweißungen hergestellt, von denen je zwei eine 6 m lange Stange ergaben, die kalt verwunden wurde. Die Schweißungen der Reihe S und T kamen ohne Aufsicht zur Ausführung, um einen Überblick über die Treffsicherheit des Verfahrens zu erlangen. Die Zerreiß- und Biegeversuche, die Härtemessungen und die Gefügebeobachtungen sind genau wie unter A beschrieben ausgeführt worden. Die Versuchsergebnisse sind in den Tabellen 5 bis 10 und in den Abb. 12 bis 19 zusammengestellt.

Von den umfangreichen Härtemessungen seien vier Beispiele in den Abb. 15 bis 18 wiedergegeben.

Auswertung der Versuchsergebnisse.

Im walzharten Zustand entsprach der Stahl einem im C-Gehalt an der oberen Grenze gelegenen St 37 und erreichte im walzhitzegehärteten Zustand die im Zugversuch festgestellten mechanischen Eigenschaften von St 60. Durch die Verwindung auf $v = 10 - 20 d$ wurden die für Torstahl 60 vorgeschriebenen Kennwerte erreicht. Der Einfluß der künstlichen Alterung, einige Tage nach der Verwindung bestimmt, ist verhältnismäßig gering und entspricht den am Torstahl 40 gewonnenen Erfahrungen. Die Biegefähigkeit ist auch im verwundenen, gealterten Zustand ausreichend. Die Schweißbedingungen sind in Tabelle 8 in Form von Mittelwerten angegeben. Der Einfluß der

Maschinentype macht sich auf die Schweißbedingungen deutlich bemerkbar. Bei der stärkeren Maschine ist die Schweißdauer auf zwei Drittel und die Glühzone um 15⁰/₀ verkürzt, die Kurzschlußzahl nahezu nur halb so groß. Daraus ist zu ersehen, daß mit der stärkeren Maschine wesentlich kältere Schweißungen hergestellt werden, die aber infolge des verfügbaren doppelt so großen Stauchdruckes anscheinend eine etwas größere Treffsicherheit ergaben. Mit diesem Stahl wurden insgesamt 85 Schweißungen, davon 39 ohne Aufsicht, hergestellt. Hierbei sind drei Fehlschweißungen festgestellt worden, d. s. etwa 4⁰/₀. Die Schweißfehler waren jedoch so gering, daß sie die Tragfähigkeit der Stangen auf Zug nicht beeinträchtigt hätten, weil die Schweißstelle immer eine - wenn auch geringe - Aufstauchung aufweist. Eine Abhängigkeit der fertigungstechnischen Einzelwerte untereinander ist hier nicht vorhanden. Es ist daher anzunehmen, daß die Werte im normalen Streubereich für eine gleichmäßige Fertigung liegen. Da sich auch die Kennwerte der mit einem Bindefehler behafteten Schweißungen nicht von den anderen auszeichnen, ist anzunehmen, daß bei diesen Schweißungen beim Stauchen die Einspannungen geringfügig nachgegeben haben. Der Einfluß der Maschinentype und der Nachbehandlung der Schweißstellen auf die Biegefähigkeit unverwundener Schweißproben ist aus Tabelle 9 zu entnehmen. Daraus ergibt sich, daß trotz des Abschreckens mit der größeren Schweißmaschine zweieinhalbmal so viel einwandfreie Biegeproben entstanden, als mit der leichteren Maschine ohne Nachbehandlung der Schweißstellen. Dies ist darauf zurückzuführen, daß der mit 6·4 kg/mm² doppelt so große Stauchdruck der größeren Maschine den die Biegefähigkeit herabsetzenden Einfluß der kälteren Schweißung und der nachfolgenden Abschrek-

Tabelle 5. Einfluß der verschiedenen Behandlungen auf Streckgrenze und Zugfestigkeit der ungeschweißten Proben.

Nr.	Zustand	Streckgrenze				Zugfestigkeit			
		kg/mm²	%	%	%	kg/mm²	%	%	%
1	walzhart, Mittel............................	30·5	100			47·7	100	- -	
2	wie 1, jedoch walzhitzegehärtet, Mittel......	42·0	138	100		62·6	131	100	
3	wie 2, jedoch verwunden, 10 bis 20 d, Mittel...	59·3	195	141	100	71·7	150	115	100
4	wie 3, jedoch künstlich gealtert, Mittel......	61·2	200	145	103·2	75·4	158	120	105·0

Biegeprobe in allen Zuständen bei $a = 2$ d bis $\alpha = 180°$ ohne Anriß bestanden.

kung mindestens aufgehoben hat. Weiter kann
dieser Zusammenstellung entnommen werden, daß
durch das Abschrecken die Trennbruchanfälligkeit
auf das Eineinhalbfache gestiegen ist. Offenbar
sind infolge des Abschreckens an Proben Trennbrüche entstanden, die ohne diese Behandlung nach

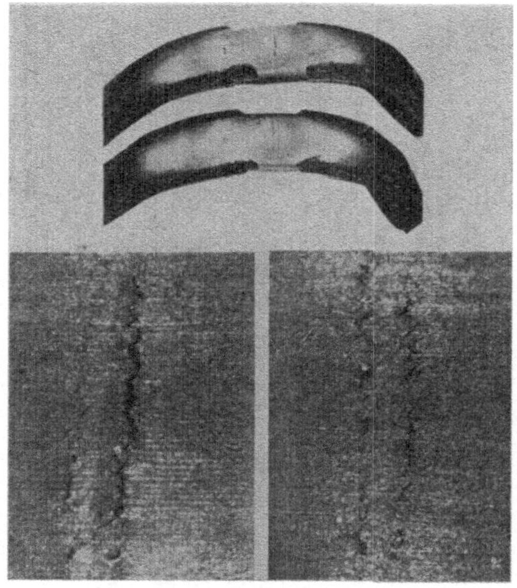

Abb. 12.

der Schweißung auf der kleineren Maschine nur
Anrisse gezeigt hätten. Die doppelkegelstumpfförmige Aufstauchung der Schweißstelle hat sich
in allen Fällen durch einen besseren Biegewinkel
bewährt. Wie aus Abb. 12 zu ersehen ist, bilden
sich knapp neben der Schweißstelle Anrisse, die der
Ausgangspunkt für die beobachteten Trennbrüche
sind. An der Staboberfläche treten, wie schon in
Kapitel B beschrieben, starke Härtespitzen neben

Tabelle 6. Schweißungen mit AEG-Maschine.

Versuchsreihe bzw. Probe-Nr.		Kurz-schluß-zahl	Schweiß-dauer sek	Ab-schmelz-länge mm	Glüh-zone mm	Nachbehandlung	Zug-festig-keit kg/mm²	Bruch-abstand von der Schweiß-stelle mm	Biege-winkel	Bemerkung
A	1	19	n. b.	30	35	keine	54·2	1		
	2	16	35	32	40					für Härte- und Gefügeunter-suchungen
	3	17	32	28	33		54·4	25		
	4	19	40	28	45				52°	Trennbruch zirka 1 mm neben der Schweißstelle
	5	13	32	26	35		—		180°	rißfrei
B	1	19	31	28	35	gestaucht	53·8	42		
	2	21	33	26	30					für Härte- und Gefügeunter-suchungen
	3	26	48	27	35		53·8	40		
	4	24	37	23	35				180°	rißfrei
	5	19	27	25	25				180°	rißfrei

Fortsetzung der Tabelle 6.

Versuchsreihe bzw. Probe-Nr.	Kurzschlußzahl	Schweißdauer sek	Abschmelzlänge mm	Glühzone mm	Nachbehandlung	Zugfestigkeit kg mm²	Bruchabstand von der Schweißstelle mm	Biegewinkel	Bemerkung
C 1	19	37	33	40	abgeschreckt	61·4	52	—	für Härte- und Gefügeuntersuchungen
2	18	36	31	32					
3	20	33	31	30		63·7	34		
4	19	40	22	35				37°	Trennbruch zirka 1 mm
5	23	37	38	40				47°	neben der Schweißstelle
D 1	22	39	39	40	gestaucht und abgeschreckt	62·7	53	· ·	für Härte- und Gefügeuntersuchungen
2	20	33	27	30					
3	19	32	29	30		63·4	51		
4	22	31	31	35				180°	rißfrei
5	17	34	29	38				180°	rißfrei
T 1 bis 12					ohne Aufsicht	abgeschreckt	· ·	180°	rißfrei
13 bis 15								180°	feine Anrisse beiderseits in der Schweißstelle
16								180°	feine Anrisse Mitte der Schweißstelle
17 bis 22								23 bis 44°	Trennbruch zirka 1 mm neben der Schweißstelle
23								21°	mehrere 1 bis 1·6 mm²
24								22°	große Bindefehler

E	1	19	31	27	30	geschweißt, verwunden	60·5	30		Trennbruch zirka 1 mm neben der Schweißstelle für Härte- und Gefügeuntersuchungen
	2	20	31	27	30		61·2	78		
	3	19	32	31	30				62°	
	4	25	38	34	35					
F	1	22	36	28	38	geschweißt, gestaucht und verwunden	71·0	60		infolge übermäßiger Verwindung vorzeitig gebrochen
	2	16	30	30	30		51·1	40	---	Trennbruch zirka 1 mm neben der Schweißstelle
	3	21	41	30	30				85°	für Härte- und Gefügeuntersuchungen
	4	21	40	31	35					
G	1	22	38	34	30	geschweißt, abgeschreckt und verwunden	67·1	54		Trennbruch zirka 1 mm neben der Schweißstelle für Härte- und Gefügeuntersuchungen
	2	21	37	39	30		68·3	220		
	3	22	38	30	35		---		7°	
	4	21	40	30	28					
H	1	20	34	30	35	geschweißt, gestaucht, abgeschreckt und verwunden	73·2	55		etwa 30 mm außerhalb der Schweißstelle an einer Fehlstelle aufgerissen
	2	19	39	35	40		70·9	60		
	3	19	38	35	35				80°	für Härte- und Gefügeuntersuchungen
	4	24	37	35	30					

der Stoßstelle auf, welche für die Trennbrüche verantwortlich gemacht werden müssen.

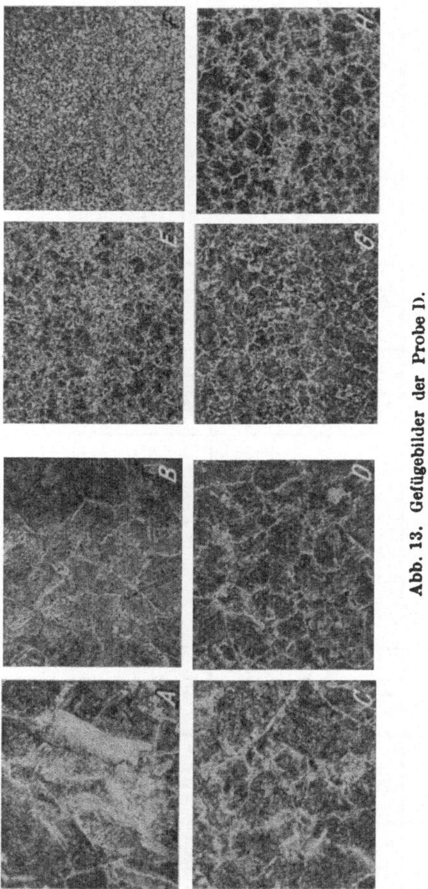

Abb. 13. Gefügebilder der Probe D.

Auf die Gefügeveränderungen, die durch Ablöschen mit Wasser eintreten, soll kurz an Hand der Probe D eingegangen werden (Abb. 13).

Tabelle 7. Schweißungen mit Miebach-Maschine.

Versuchsreihe bzw. Probe-Nr.		Kurz-schluß-zahl	Schweiß-dauer sek	Ab-schmelz-länge mm	Glüh-zone mm	Nachbehandlung	Zug-festig-keit kg/mm²	Bruch-abstand von der Schweiß-stelle mm	Biege-winkel	Bemerkung
K	1	38	47	n. b.	n. b.	abgeschreckt	60·2	40	..	für Härte- und Gefüge-untersuchungen
	2	36	48				--		--	
	3	34	45				62·7	35		Trennbruch zirka 1 mm
	4	36	53						25°	
	5	35	56				--	--	40°	neben der Schweißstelle
L	1	34	55	25	40	gestaucht und abgeschreckt	57·0	52	--	für Härte- und Gefüge-untersuchungen
	2	41	56	32	38		--		..	
	3	42	60	28	40		59·3	48		rißfrei
	4	36	59	n. b.	n. b.				180°	Trennbruch durch Rinde-fehler
	5	36	50	30	40				32°	
S	1 bis 3					ohne Aufsicht			180°	rißfrei
	4 bis 13					keine			180°	mit feinen Anrissen zirka 1 mm neben der Schweiß-stelle
	14								48°	Trennbruch zirka 1 mm
	15								56°	neben der Schweißstelle

Tabelle 8. Fertigungstechnische Kennwerte.

Mittelwerte für	Schweißmaschine	
	AEG	Miebach
Kurzschlußzahl	37	20
Schweißdauer in sek	52	36
Abschmelzlänge mm	29	30
Glühzone mm	40	34
Stauchdruck kg/mm²	3·2	6·4

Tabelle 9. Einfluß der Schweißmaschine und der Nachbehandlung auf die Biegefähigkeit unverwundener Schweißproben.

Schweißmaschine	AEG	Miebach
Nachbehandlung	ohne	abgeschreckt
Biegeprobe a — 4 d, 180° gut	21%	53%
180° Anriß	53%	12%
Trennbruch	26%	35%

In der Schweißstelle und knapp daneben (A, B und C) sind neben Ferrit in Widmannstätten-Struktur bei starker Vergrößerung auch Martensitnadeln zu finden. Dieser Martensit entsteht z. B. dort, wo sich die feste Lösung durch mangelnde Diffusion an C angereichert hat. Die Größe des ursprünglich groben Kornes der festen Lösung kann man am Ferritnetzwerk erkennen (Stelle C, D), da der Ferrit bei der raschen Abkühlung an die Korngrenzen der Mischkristalle abwandert, diese jedoch nur zum Teil erreicht. Dazwischen liegen Ferrit und Zementit feinstrahlig nebeneinander. Mit zunehmendem Abstand von der Stoßstelle folgt jetzt wie bei Luftabkühlung das Feinkorngebiet (Stelle E, F), verbunden mit fallender Härte, um anschließend einem Gebiet geringster Härte und ursprüng-

Tabelle 10. Einfluß der Glühzone auf die Zugfestigkeit.

Rißstelle neben der Schweißstelle mm	Nachbehandlung	Zugfestigkeit kg/mm²		%	%	%
		Einzelmittel	Gesamtmittel			
	Anlieferung ungeschweißt	–	62·6	100		
5 bis 42	keine, Reihe A . . . . gestaucht, Reihe B	54·3 53·8	54·0	86	100	
34 bis 52	abgeschreckt, Reihe C und K . . . . gestaucht und abgeschreckt, Reihe D und L	62·0 60·6	61·3	98·5	113·5	
	verwunden zwischen den Schweißstellen entnommen		73·0			100
30 bis 220	geschweißt und verwunden, Reihe E bis H . .		67·5			92·5

licher Kornausbildung Platz zu machen (Stelle G).
Die Härte steigt dann wieder etwas an (Stelle H),
da die nicht wärmebeeinflußte Zone des walzhitzegehärteten Stabes erreicht wird. Die Lage und Ausdehnung der einzelnen Zonen hängt von der
Schweißenergie und dem Abschreckvorgang ab. Die
im Zugversuch geprüften Schweißproben sind
durchwegs außerhalb der Schweißstelle gerissen.
Tabelle 10 bringt eine Zusammenstellung der Zug-

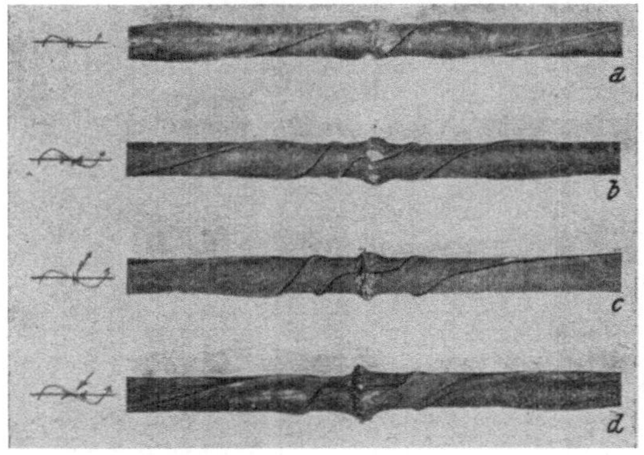

Abb. 14.

Von oben nach unten: a) geschweißt, verwunden: b) geschweißt,
gestaucht, verwunden;   c)   geschweißt,   abgeschreckt,   verwunden;
d) geschweißt, gestaucht, abgeschreckt und verwunden.

festigkeiten der unverwundenen und verwundenen
Schweißstellen. Es zeigt sich, daß durch den Wärmeeinfluß beim Schweißen die Zugfestigkeit um 14%
gegenüber dem walzhitzevergüteten Zustand herab-
gesetzt wird. Andrerseits führt die Abschreckung der
Schweißstellen zu einer praktisch vollständigen Auf-
hebung des entfestigenden Einflusses der Glühzone.
Der rechnungsmäßige scheinbare Abfall um 1·5% ist
darauf zurückzuführen, daß der Mittelwert für den Anlieferungszustand auch andere Proben enthält. Die auf-

gestauchten Proben haben anscheinend eine geringfügig geringere Zugfestigkeit als die ohne Aufstauchung, was auf eine weitgehende Entfestigung durch das der Schweißung folgende Wiedererhitzen zurückzuführen ist, denn in der Glühzone bleibt die Zugfestigkeit jedenfalls über der des walzharten Zustandes. An den verwundenen Proben ist in der Glühzone auch ein Abfall der Zugfestigkeit um 7·5% festzustellen, der keine Abhängigkeit von der Vorbehandlung der Schweißstelle aufweist. Ein solcher Ein-

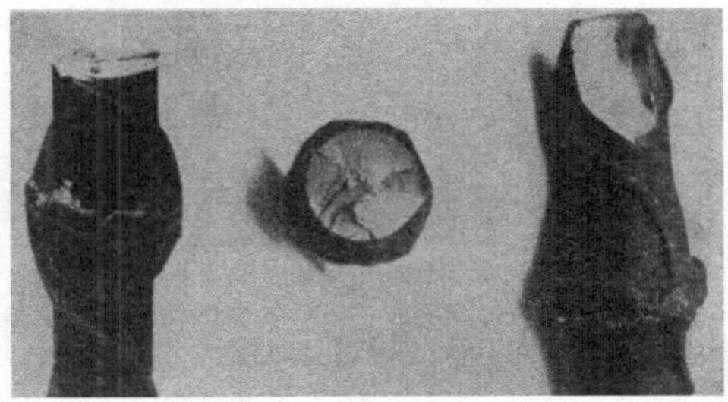

Abb. 15.

fluß ist aber vorhanden, denn die Rißstelle liegt bei den abgeschreckten Proben mit 54 bis 220 mm weiter von der Schweißstelle entfernt als bei den Proben ohne Abschreckung, wo sie 30 bis 78 mm neben der Schweißstelle auftraten. Dieser Einfluß ist sehr deutlich an den in Abb. 14 gezeigten Bildern der verwundenen Probestäbe zu erkennen.

An allen Proben treten nahe der Schweißstelle kurze Strecken mit sehr starker Verwindung auf, die bei den Proben ohne Abschreckung gleich an die Schweißstelle bzw. an die Aufstauchung anschließen, bei den abgeschreckten Proben jedoch etwas weiter davon entfernt sind. Der Abstand der am stärksten verwundenen Stelle von der Schweißnaht ist an die Lage jenes Teiles der Glühzone gebunden, der temperaturmäßig unterhalb der Härtetemperatur, aber über jener Temperatur liegt, bei der die entfestigende Wirkung beginnt, also etwa um A_1.

Es bleibt noch der Abfall der Zugfestigkeit in den verwundenen, geschweißten Stäben zu klären. Aus Abb. 15 ist an den Bruchbildern der Schweißproben F 1 und F 2 deutlich zu erkennen, daß die

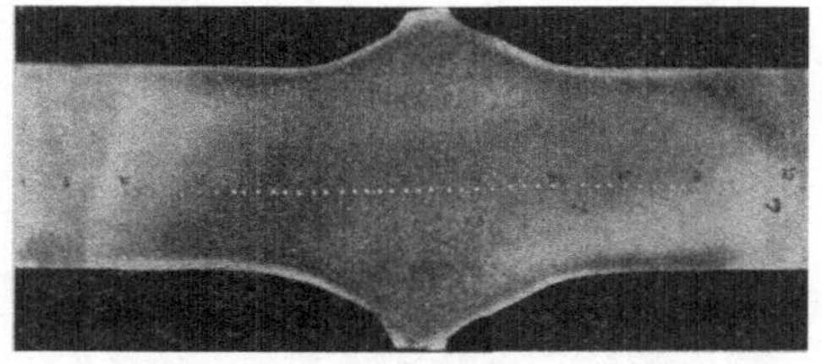

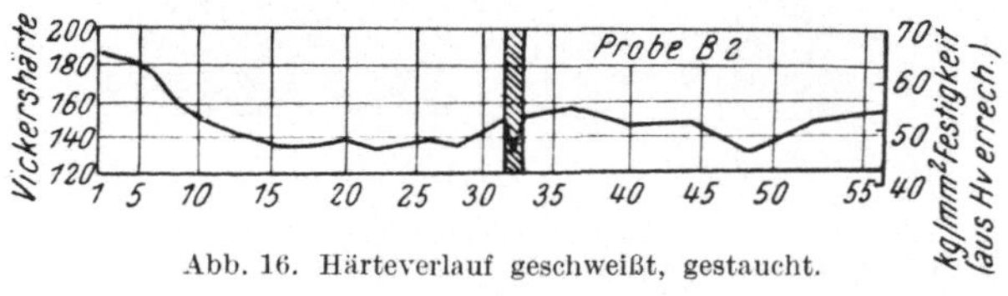

Abb. 16. Härteverlauf geschweißt, gestaucht.

ohne Abschreckung verwundenen Schweißstellen in der Übergangszone, also über dem am engsten verwundenen Bereich, sich bis zur Erschöpfung des Torsionswiderstandes verwunden haben, um die Entfestigung rückgängig zu machen. Nun ist aber die entfestigte Zone mit weniger als 1 d-Länge offenbar so kurz, daß die benachbarten Gebiete höherer Festigkeit und größeren Torsionswiderstandes einen die Formänderung behindernden Einfluß auf die entfestigte Zone ausüben. Infolgedessen wird in der entfestigten Zone bei der Verwindung nicht der volle zentrische Verfestigungseffekt erzielt, wie er sonst bei der Verwindung

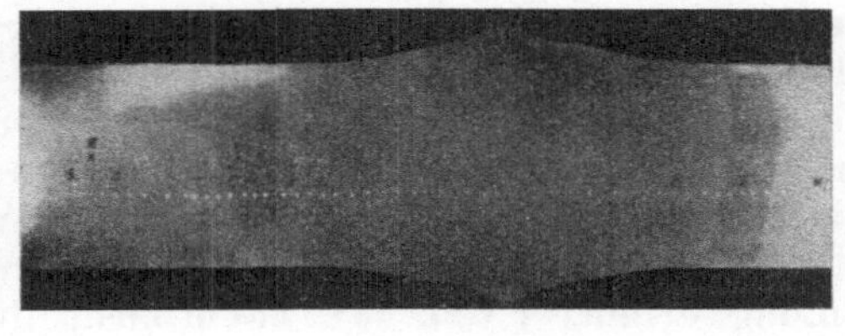

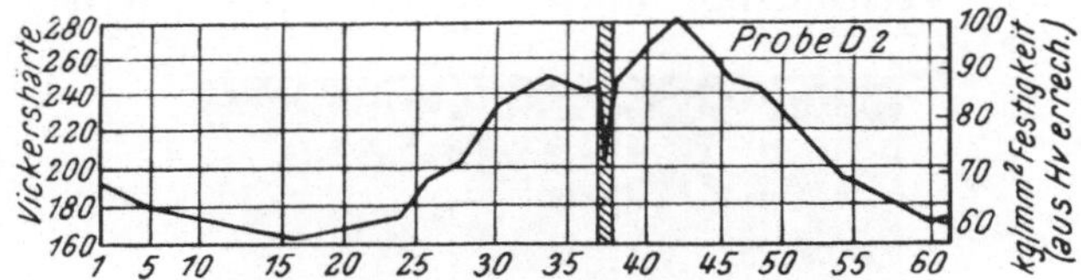

Abb. 17. Härteverlauf geschweißt, gestaucht, abgeschreckt.

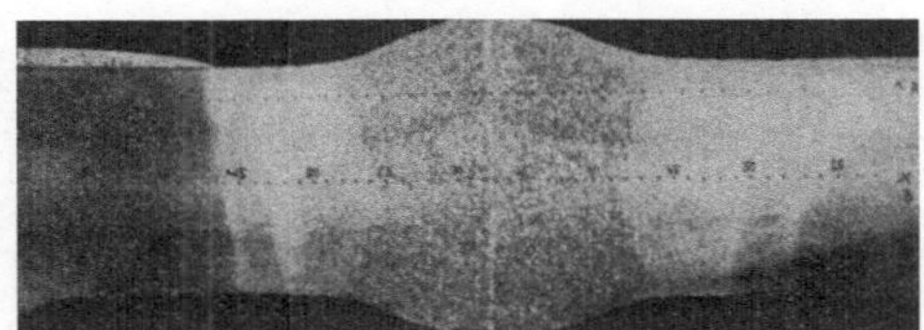

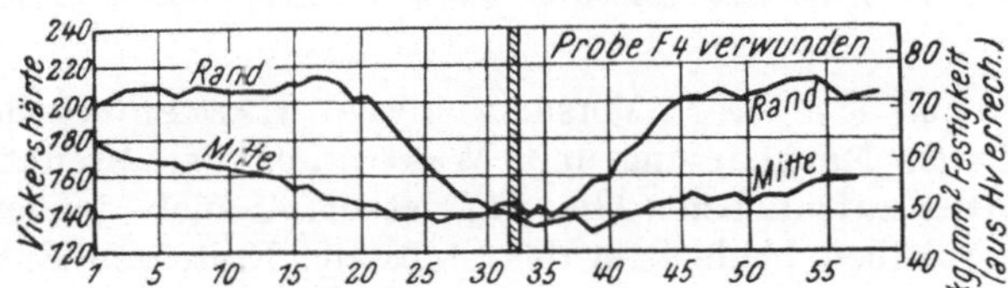

Abb. 18. Härteverlauf geschweißt, gestaucht, verwunden.

ganzer Stangen auch mit größeren Härteunterschieden, aber auf eine größere Länge, erfahrungsgemäß einzutreten pflegt.

Für die durch Abschreckung gehärteten Schweißstellen gilt nur der zweite Teil vorstehender Erklärung, es ist also der die Formänderung behin-

dernde Einfluß für das Zurückbleiben der Festigkeit der verwundenen Stangen maßgebend.

Aus den Abb. 16 bis 19 ergeben sich überein-
stimmend damit folgende Schlußfolgerungen:

Die starke Entfestigung, die ein aus der Walzhitze gehärteter Stab durch die Abbrennstumpfschweißung erfährt (Abb. 16), kann nicht durch
eine Verwindung allein ausgeglichen werden

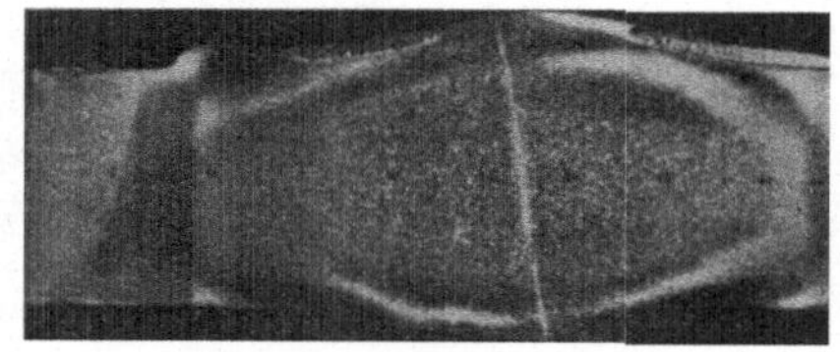

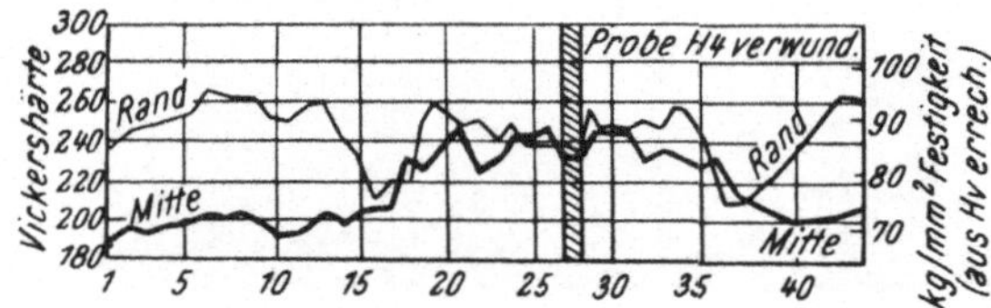

Abb. 19. Härteverlauf geschweißt, gestaucht, abgeschreckt, verwunden.

(Abb. 18). Der Versuch, diese Härteeinbrüche
durch Nachhärtung mit Wasser aus der Stauchhitze aufzuheben (Abb. 17), ist erfolgreich, jedoch
verbleiben beiderseits der Stoßstelle Reste von Entfestigungszonen, welche einen Abfall der Zugfestigkeit geschweißter, verwundener Stäbe zur Folge
haben. Erst der nachgehärtete und verwundene Stab
gibt einen befriedigenden Härteausgleich (Abb. 19).

**Zusammenfassung über walzhitzegehärtete
Stähle.**

Mit den vorstehend beschriebenen Versuchen
wurde die Brauchbarkeit des Verfahrens erwiesen,

nach dem mit der Abbrennstumpfschweißung gestoßene Stangen nachher über die ganze Länge
verwunden werden sollen, um aus walzhitzevergüte-
tem St 37 Torstahl 60 in beliebigen Längen herstellen zu können.

Eine schwere Schweißmaschine von 60 kVA Leistung mit einem Stauchdruck von 6·4 kg/mm² hat
sich einer leichteren Maschine von 20 kVA Leistung,
mit der nur ein Stauchdruck von 3·2 kg/mm² ausgeübt werden kann, bei rund 600 mm² Stabquer-
schnitt überlegen erwiesen, und zwar sowohl hinsichtlich der Qualität der Schweißverbindungen als
auch hinsichtlich der Wirtschaftlichkeit der Fertigung.

Das Aufstauchen der Schweißstellen ist vor-
teilhaft, weil dadurch die Biegefähigkeit der
Schweißstellen verbessert und die Sicherheit der
Verbindungen für Zugbeanspruchung erhöht wird.
Von aufgestauchten Schweißproben kann auch nach
der Abschreckhärtung eine Biegefähigkeit erwartet
werden, die beim Biegeversuch um $a = 4\,d$ einem
Biegewinkel von 180° ohne Anriß entspricht. Die
nach dem Schweißen und Abschrecken verwundenen
Schweißstellen können bei der Biegeprobe um
$a = 4\,d$ einen Biegewinkel von 60° bis zum Bruch
ertragen. Die geschweißten und nachher verwundenen Proben haben eine um 7·5% kleinere Zugfestigkeit gezeigt als die benachbarten, von der
Schweißung unbeeinflußten Stangenteile, obwohl
der Bruch in allen Fällen neben der Schweißstelle
eintrat. Es wurde daher in der Nähe der Schweißstelle durch die Verwindung selbst dann keine voll-
kommen gleichmäßige Verfestigung erzielt, wenn
aus der Schmiedehitze abgeschreckte Schweißstellen
verwunden wurden. Diese Erscheinung wird auf
den die Formänderung behindernden Einfluß des
Schweißwulstes, der Aufstauchung und der eng

begrenzten großen Härteunterschiede in der Längsrichtung zurückgeführt.

D. Schlußfolgerungen.

Das Verfahren Pucher, dadurch gekennzeichnet,
daß Stangen aus hochwertigem Betonstahl in normalen Werkslängen (12 bis 14 m) auf die Baustelle
geliefert, dort durch elektrische Abbrennstumpfschweißung zu Stangen gewünschter Länge verbunden und in transportablen Verwindemaschinen
in ihrer gesamten Länge verwunden werden, ist für
Großbaustellen und Betonwerke mit eigenen Ver-
windeanlagen geeignet. Dem Vorteil, keine zusätzlichen Arbeitsgänge zu benötigen und technologisch
möglichst homogene Stöße zu liefern, steht der
Nachteil gegenüber, daß die auf die Baustelle oder
ins Betonwerk verlegte Verwindung dort nicht so
rationell wie im Stahlwerk mit Massenproduktion
ausgeführt werden kann.

Ein Verfahren, dadurch gekennzeichnet, daß
handelsüblicher Torstahl in Werkslängen (12 bis
14 m) angeliefert, nach dem Schweißen auf
Schmiedehitze erwärmt, mit dem Kühlwasser
der Schweißmaschine auf Handwärme abgeschreckt
wird, eignet sich nur für Stähle mit geringem
Härtungsvermögen. Es vermeidet zusätzliche
Arbeitsgänge oder unrationelle Ausnutzung der Ver-
windeanlagen und erzielt die Vergütung der
Schweißstellen mit den billigsten Mitteln.

Das Verfahren, dadurch gekennzeichnet, daß
walzhitzegehärteter Torstahl in Werkslängen (12
bis 14 m) angeliefert, nach dem Schweißen die
Schweißstellen auf Handwärme abgeschreckt und
die verbundenen Stangen in einer transportablen Verwindemaschine auf der Baustelle oder im
Betonwerk auf ihre ganze Länge verwunden werden, ist fertigungstechnisch gleichwertig dem Ver-

fahren Pucher. Die Verwendung walzhitzegehärteter Stähle als Vormaterial für die Erzeugung von Torstahl hat den wertvollen Vorteil der Einsparung schwer beschaffbarer Legierungsmetalle.

Die von den Verfassern angestellten Untersuchungen haben gezeigt, daß die Verlegung der Verwindung vom Stahlwerk auf die Baustelle oder die Vergütung des wärmebeeinflußten Bereiches der Schweißstelle durch Abschrecken mit Wasser aus der Schmiedehitze einen bedeutenden fertigungstechnischen Fortschritt gegenüber dem bisherigen Stand der Schweißung von Betonstählen bringt.

Auch diese Untersuchungen haben wieder einwandfrei bewiesen, daß die bisher in den Normen zum Ausdruck gekommene Skepsis gegenüber den geschweißten Stößen nicht mehr am Platze ist. Es zeigte sich der besondere Wert einer doppelkegelstumpfförmigen Aufstauchung der Schweißstellen und sollte diese in den Normen für Betonstähle künftighin zwingend vorgeschrieben werden. Außerdem wurde der Vorteil eines höheren Stauchdruckes als bisher üblich festgestellt. Sah man bisher für die Schweißung von Betonstählen Stauchdrücke von 2 bis 4 kg/mm² als ausreichend an, so haben die Versuche gezeigt, daß eine Steigerung des Stauchdruckes von 3 auf 6 kg/mm² eine bedeutende Verbesserung der Güte der Schweißnaht bringt. Weiter ist die Überlegenheit der Biegeprobe für die Prüfung der Schweißstellen besonders wichtig, da diese Probe auch auf der Baustelle mit einfachen Mitteln jederzeit ausgeführt werden kann.

Die Versuchsergebnisse beweisen zum wiederholten Male die Unhaltbarkeit des Verbotes der Schweißung von kaltverfestigten Stählen. Es wird daher folgende Änderung der einschlägigen Bestimmungen der Stahlbetonnormen vorgeschlagen:

„Geschweißte Stöße dürfen nur mit elektrischer Abbrennstumpfschweißung hergestellt und mit 80 %

50

des Querschnittes der verwundenen Stangen in
Rechnung gestellt werden. Doppelkegelstumpfförmig
auf den mindestens 1·25fachen Nenndurchmesser
aufgestauchte Schweißstellen dürfen voll in Rechnung gestellt werden. Schweißstellen in kaltverfestigten Stählen sind nach einem erprobten Verfahren herzustellen und oder nachzubehandeln. Die
geschweißten Stöße müssen auf Zug die gleiche
Tragfähigkeit wie die verwundenen Stangen aufweisen und im Biegeversuch um einen Dorn
$$a = \frac{100\,d}{\delta_{10}\ (\text{in }\%)}$$ einen Biegewinkel von 60° bis zum
ersten Anriß ertragen. Bei Biegeproben ist der
Schweißbart und die Aufstauchung durch span-
abhebende Bearbeitung zu entfernen; hierbei dürfen
keine unverschweißten Stellen und keine Poren
sichtbar werden. Die Schweißstellen sind in den
Biegeplänen anzugeben.“

Die Untersuchungen und die Ergebnisse haben
für überwiegend ruhende Belastung Geltung. Im
Stahlbetonbau kommt jedoch die Schwellzugbean-
spruchung im allgemeinen nur für einen kleinen
Ausschlag in Betracht, da in der Regel das Eigen-
gewicht gegenüber der wandernden Verkehrslast
überwiegt; insbesondere in jenen Fällen, in denen
die Schweißung zur Anwendung gelangen soll. Über
weitere Untersuchungen, betreffend die Schwellzug-
festigkeit von geschweißten Stößen, werden die Verfasser zur gegebenen Zeit berichten.

Literaturverzeichnis.

[1] Soretz, St.: Elektrische Abbrennstumpfschweißung
von Torstahl und naturhartem Betonstahl. Zeitschrift des
Österreichischen Ingenieur- und Architekten-Vereins, 94,
1949, Heft 1 2 und 3/1. — [2] Soretz, St.: Torstahl 60.
Allgemeine Bauzeitung. Heft 221 vom 8. 11. 1950.